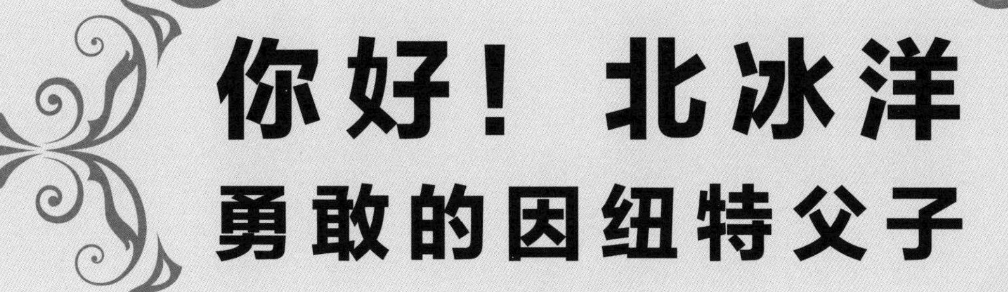

你好！北冰洋
勇敢的因纽特父子

史衍成 著/绘

人民邮电出版社
北京

肯　替

一名勇敢的因纽特小孩，生活在北极地区，希望成为一名像爷爷一样了不起的猎人。

来鲁西

肯替的父亲，一名勇猛且冷静的因纽特猎人，为了保护孩子，敢于徒手和北极熊搏斗。

瑞　达

来鲁西的伙伴，一名善于用枪的因纽特猎人，为来鲁西在与北极熊的搏斗中提供了帮助。

云　震

一头在寻找猎物的北极熊，绰号大白熊，是北极之王，很多动物都怕他。

费　罗

一只喜欢跟在北极熊后面吃残羹剩饭的北极狐，是北极熊的跟屁虫。

扫码关注公众号，
输入 58585，
获取配套有声书。

北极，北极！

在地球的一端，我们的最北边，

有一片白色的冰天雪地,

北极熊、北极狐和北极狼，驯鹿、雪橇犬和因纽特人生活在那里。

他们是人世间的天使，是生命的歌者。

来吧，来吧！

亲爱的朋友，

请翻开这本书，进入北极的世界。

看一看在北冰洋的海水中，

有多少动人的故事，有多少令人惊讶的传奇。

肯替不眨眼地看着前方黑漆漆的一片，问爸爸：“春天还有多久才会来？”

“还要等一阵子，当天边升起太阳的时候。”来鲁西说。

“我想去狩猎。冬天太无聊了。”肯替又说。

“别着急，春天的时候我会带你去捕鱼、捡鸟蛋……”来鲁西说。

“可现在我们能做什么？”肯替好像有点儿等不及了。

“肯替，现在我可以再给你讲一些因纽特人的故事。”来鲁西蹲下身子，他呼出的哈气已使得帽子的一圈皮毛上挂满了厚厚的白霜。

“好，奶奶就总是给我讲因纽特人的故事，她还总是给我讲爷爷的故事。”肯替说，“爸爸，我的名字就是沿用了爷爷的名字吗？”

“对，爷爷的生命虽然停止了，但‘肯替’这个名字仍然会留在我们身边。”

“我喜欢这个名字，也喜欢爷爷，别人说他是了不起的猎人，我想和他一样。”肯替又抬头看着天空，“要是能在极光里看到爷爷就好了。”

“当然能看到，他的精神一直在极光中闪烁。等你成为一名真正的猎人时，爷爷一定会很开心。”

“嗯！”肯替使劲地点着头。

肯替小的时候身体很虚弱，奶奶一直担心肯替受不了北极酷寒的环境。就在今天晚上，奶奶终于认为肯替长大了，身体也强壮了，可以去做一名真正的因纽特猎人了。

此时，天空的极光正闪动着耀眼的光芒。

因纽特人用驯鹿的骨头捣出海豹的油脂，把油脂放在灯盘里点燃来照明。这是因纽特人的唯一人工热源。为了防止雪墙融化，雪屋内的温度都在零摄氏度以下。即便如此，小孩子也会光着屁股在雪屋里玩耍。

在北极恶劣的环境下，新出生的孩子会在母亲的精心照料下成长，母亲会将他们放在自己肩后温暖的帽兜里。因纽特妇女们会在孩子睡觉前给他们讲有关自己民族的故事，让因纽特民族的传统一代代流传下去。

“奶奶说，从前的因纽特人都是全家人一起坐着狗拉雪橇去狩猎。可是……”对于自己现在不能去狩猎这件事，肯替还是有点不甘心。

“现在条件好了，有了更好用的雪橇摩托车，我们就不需要坐狗拉雪橇去狩猎，也都不用住雪屋了，有些习惯会随着时间改变的。”来鲁西停顿了一下，看着远处的村庄，“但传统不会，比如因纽特人是天生的猎人，你也是。”

“一定是！”肯替语气坚定。说完，他们一起向远处的冰原走去。

在极光的大幕下，肯替仿佛是在爸爸的带领下第一次走进真正的北极。

忽然，来鲁西示意肯替不要动，他的表情瞬间变得很紧张。

“啊？”肯替知道这个表情代表什么，他顺着爸爸眺望的方向，看到远处有一个白影，正在幽蓝的夜色里逐渐变大。

春天即将到来，因纽特人开始从冬天的居住地坐着雪橇前往遥远的东部海湾——春天的狩猎场。

但前路充满着冰洞和浮冰，因纽特人便集体出发，以防不测。

一路上，他们随身携带的几头海豹，为人和狗提供了食物保障。他们饿了就吃点海豹肉，渴了就用燃油炉子把雪融化、烧成热水解渴。

遇到会发生危险的冰面，因纽特人会用鱼叉一边试探一边前行。这时的雪橇犬就会得到休息。

在短暂的休息后，因纽特人会挥舞长鞭，指挥雪橇犬拉着雪橇继续前进。直到走到冰雪融化的土地（苔原地带），他们才会停下脚步，搭建帐篷住下来。

“北极熊？它怎么会出现在这里？”来鲁西小声嘀咕道。

肯替懂得爸爸的意思，现在正是北极熊捕猎海豹的最好季节，它怎么会出现在因纽特人的村落附近？

“我们会被吃掉吗？”肯替很紧张。

“傻小子，我们可是因纽特猎人。”来鲁西说。

“那我们跑吗？我们回家取猎枪吧！”肯替很着急。

“这个大家伙一定发现我们了，这么近的距离，我们跑不掉的。它的鼻子一定早就闻到我们的气味了。”

“那没办……”

来鲁西忽然扭头看着肯替：“儿子，你怕吗？”

“不怕，我也是因纽特猎人。”看着爸爸镇定的目光，肯替的恐惧感忽然不见了，而那头北极熊却正在朝肯替和来鲁西靠近……

“哎呀！不好，北极熊要……”肯替惊叫起来，他的声音划破了北极寂静的夜空。

“别慌！儿子，等一会儿我去拦住北极熊，你就慢慢往后退。”来鲁西说着，将肯替挡在了身后。

来鲁西慢慢蹲下，他半跪着，右臂微微举起，紧握的拳头好像要划破凛冽的寒风。

肯替觉得身上的血液都要凝固了，只见那头北极熊离他们越来越近，脚步却越来越慢。

这头北极熊也在犹豫：这两个人在我这样强大无比的北极熊面前为什么不跑？而且还摆出了要发动攻击的姿势？一时间，北极熊和来鲁西僵持住了。

肯替趁机悄悄向后退去。他知道，自己无法和爸爸联手对战北极熊，而且自己留下来反而会需要爸爸的保护，让他分心。

北极熊不会和来鲁西长时间对峙下去。肯替必须要按照爸爸的意思去做，他要尽快跑回村子报信。肯替慢慢后退着，在转头奔跑的瞬间，他听到身后传来爸爸的一声低吼，来鲁西要准备迎接北极熊发起的挑战了。

北极熊巨大的身躯像山一样压向来鲁西，心里充满了愤怒，他绝不能忍受自己的霸主身份被对手藐视。这头北极熊虽然见识过因纽特猎人的厉害，但今天这个人在面对自己时一点儿也不怕的样子，令他大怒不已。

北极熊要教训一下眼前的这个人。

就在北极熊的一双熊掌拍过来时，不知怎么回事，来鲁西竟然灵活地躲向了一旁，而北极熊的左前肢被重重地打了一拳。

北极熊发现自己扑空了！

他一惊，身体也急忙向旁边躲了一下。

来鲁西早已经在一拳击中北极熊的同时顺势倒地，当他看到北极熊也躲闪了一下时，身体又急忙向旁边一滚，暂时脱离了险境。

来鲁西扭头看了一眼，肯替已经快速向远处跑去。

现在，来鲁西不再有任何负担，他要集中精力去对付这个强大的对手了。

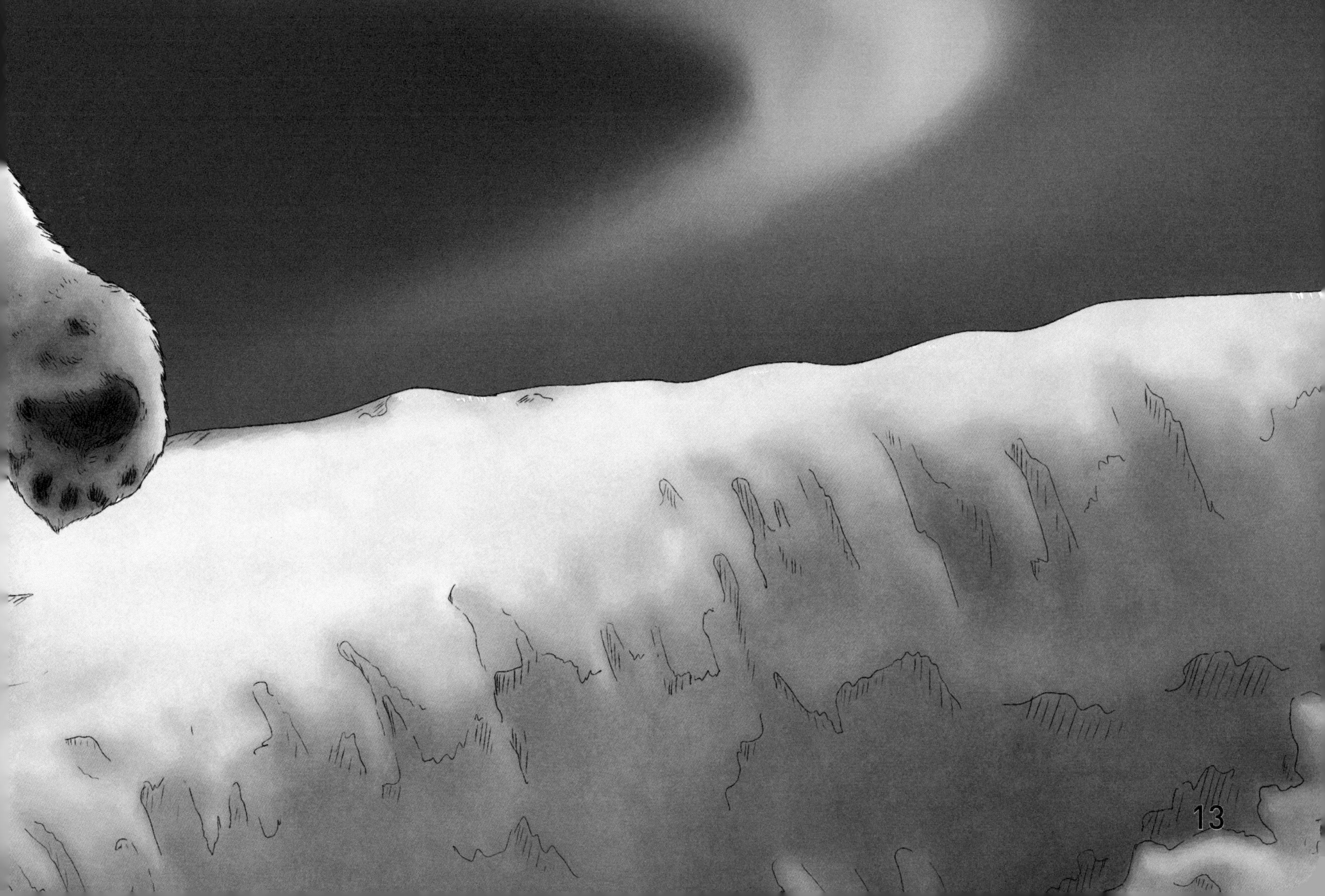

“这个因纽特人竟然这么厉害！”

北极熊正是身强力壮的年纪，他没想到自己这一扑不但没成功，反而挨了一拳……

北极熊重新站稳了身子，幸好刚才只是挨了一拳，一点儿都不疼。在北极寒冷的冬天，流血对于一头北极熊来说绝不是一件好事儿。

北极熊觉得自己有些鲁莽，平白无故为啥去攻击人类？他开始考虑是不是要放弃攻击……

来鲁西也站了起来，并依旧摆出随时可以发起攻击的姿势，与强大的北极熊再次保持对立状态。

此时，在极夜的天空中，耀眼的极光再次跳跃着绚烂的颜色，仿佛为冰原上的因纽特人和北极熊之间即将上演的对战大戏拉开的大幕。

他们都是狩猎者，是真正的强者，在凛冽的寒风中对视着。

“砰——”

一声清脆的枪声打破了可怕的寂静，也惊动了互不相让的两位北极斗士。伴随着枪声，年轻的因纽特猎人瑞达飞奔而来。

瑞达本来要去找来鲁西商量下次一起狩猎的事情，不承想来鲁西带着肯替去了冰原。他在回家的路上隐约听到了肯替的喊叫声，就急忙回家去取猎枪，然后朝着声音的方向飞奔。

瑞达刚跑到半路，就遇到了正要回村求救的肯替。他毫不犹豫地向着空中开枪示警，这样既可以警告北极熊，也可以通知村子里的猎人们。

因纽特人一直恪守着集体狩猎的传统。

在枪声响起的刹那北极熊打了个冷战，随即转身逃跑了。

在自然界，无论是多凶猛的动物，都不应该去挑战人类，尤其是因纽特人，这种在北极最强大的生物，实在太可怕了。

北极熊想起从前遇见过因纽特人捕猎的场景：海豹、鱼和飞鸟……好多动物都会被因纽特人使用梭镖和枪轻易猎杀，人类在捕猎上显然要比北极熊厉害得多。

北极熊越想越后怕，他知道自己不该向人类挑衅，特别是听到可怕的枪声后，更是吓得要命。

看到北极熊跑了，紧跟上来的瑞达又举起了猎枪，却被来鲁西叫住了。瑞达知道他是什么意思，对于如今生活富足的因纽特人来说，他们绝不会轻易去狩猎一头北极熊。

北极的冬天正是北极熊捕猎海豹的季节，这头北极熊只要回到自己的世界就好。

看到身后并没有人类追赶过来，北极熊终于松了口气：刚才太吓人了！

这头北极熊叫云震。

其实就在不久前，云震还接连捕猎了两头环斑海豹。这两天他都在冰原上到处游逛，不知不觉就靠近了人类的聚居地。

作为一名优秀的北极猎手，云震对远方传来的任何一丝气息都充满了好奇。本来他并不饿，也没有想去猎杀人类，只是碰巧和人类相遇了，再加上看到人类好像不怕自己的样子，才忍不住要攻击一下。

但云震做梦也没想到，自己不但差点被因纽特猎人打败，还引来了可怕的枪声。

云震现在暗自庆幸，他又想起自己曾亲眼看到一头鲸被因纽特猎人开枪捕杀。那次，云震还有幸吃到了因纽特猎人留在冰面上的美餐。他还听说因纽特猎人捕杀过北极熊……

在北极，北极熊和因纽特猎人谁是真正的霸主呢？

云震清楚，他现在要独自回到有海豹出没的地方去。对于一头雄性北极熊来说，形单影只是再正常不过的生活状态了。

然而，云震并不孤单，在广袤的北极冰原上，有许多和他一样的动物在为了捕猎而奔忙，就像现在……

云震一回头，两只不知道从哪儿跑出来的小家伙儿——北极狐，正悄悄地跟在自己的身后。

这时，云震禁不住在心里笑了起来。

云震不会再去四处游荡，只有狩猎场才是一头北极熊真正的天堂。

云震要去做自己真正该做的事儿，对于一头北极熊来说，生存下去才最有意义。一名猎手从来不会嫌自己捕获的猎物多。北极熊每一次的成功捕猎，也会给其他许多动物带来食物，比如身后跟着的那两只北极狐，当然也包括海鸟。

云震越想越开心，他完全忘记了刚才在人类那里遭遇的挫折，开始欢快地奔跑起来，还时不时地利用向前冲的力量，在冰原上滑起冰来。

在这漫长的极夜里，在这璀璨的极光之下……

地球的北端——北极

北极燕鸥

蓝冰之岛

格陵兰岛是地球上最大的岛屿，超过 80% 的面积被冰雪覆盖，在世界上排名第一。落到格陵兰岛上的雪年复一年地堆积着。

每年的新雪都会在寒风中堆积成风积雪，风积雪一层层地覆盖重压，然后变成新冰，直到成为蓝冰——北极大陆冰盖的主要成分。

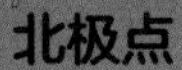

北极点

北极点是地球自转轴北端与地球表面的交点。站在北极点上，无论面对哪个方位都是南方。

极昼

北极地区

北极地区是北极点附近一片浮冰覆盖着的区域。在北极地区的周围环绕着永久的冻土区。

居民

北极地区最著名的人类居民是因纽特人。他们世世代代生活在这片寒冷的土地上。一些耐寒的野生动物，如北极熊、北极狐等，也在这片土地上繁衍生息。

生存难度

北极非常寒冷，最低气温达到-70 摄氏度，最高气温也在 8 摄氏度以下，生存难度五颗星。

危险

北极的冰面上有很多裂缝，走在上面一定要小心，因为裂缝的下面就是深深的北冰洋。

岛屿

北冰洋岛屿众多，有面积最大的格陵兰岛，以及由加拿大北冰洋沿岸的众多岛组成的岛屿群。

北极狼

奇妙的极光

当太阳风进入地球南北两极附近地区的大气层最上层，受地球磁场的影响，会呈现出带状、弧状、幕状或放射状的彩色光线，形成五彩缤纷、变幻莫测的极光。极光如一道神奇的幕布，高挂在极地的夜空中。

北极的极夜和极昼

每年秋分过后，在北极，太阳始终在地平线以下，海水封冻，北极地区逐渐进入长达几个月的极夜，并在冬至日到达最大范围。到了次年的春分，北极附近的极夜范围才会缩小至0。随后，北极附近开始出现极昼——太阳始终在地平面以上，且范围越来越大，到夏至日时达到最大范围，然后范围逐渐缩小，到秋分时极昼现象会完全消失。

经过了几个月没有阳光的时光，北极生物终于迎来了春天。这是一个繁殖的季节。久违的阳光再次出现，一切都生机勃勃，生命的数量也会增长。

在这个温暖而短暂的繁殖季，动物们必须尽快存储足够抵御寒冬的能量，才能信心满满地期盼下一个春天的阳光。

当北极进入气温能达到零摄氏度以上的夏天，虽然地面上的雪开始消融，但下面的深土仍然冰冻着，所以雪水无法渗入地下，只能汇聚成大小不一的沼泽。任何树木都无法在此生存，只有一些低矮的植物可以生长。

极地狩猎者——因纽特人

因纽特人分布于西伯利亚、阿拉斯加及位于格陵兰岛的北极圈内外。因居住地过于分散，他们对自己的称呼也不同。居住在阿拉斯加地区的自称“因纽皮特人”，在加拿大地区的自称“因纽特人”，在格陵兰岛地区的自称“卡拉特里特”，但本意都是“真正的人”的意思。

猎物：北极鲑鱼、驯鹿、海豹、鲸、北极熊等。
工具：鱼叉、兽骨刀等。
制造：雪屋、皮艇和狩猎工具。
御寒：穿海豹皮缝制的衣服和鞋，用来抵御北极的严寒。
行动：驾驭狗拉雪橇、雪地摩托车，以及在雪地奔跑追逐猎物。
能力：超级耐寒、生存能力超强。
体形：矮小。
性格：善良、勇敢、强悍、坚韧不拔。

因纽特人的历史

据说，因纽特人的祖先从古代中国的北方迁徙来到美洲，最后又移居到北极，历经4000多年的历史，才扎根于这世界上的苦寒之地。

因纽特人以陆地及海上狩猎为生，也从事毛皮交易。在因纽特人的家庭中，男人负责狩猎和建造房屋，女人负责处理兽皮和缝制衣物。

如今，随着社会的进步，因纽特人也已经告别游牧生活，定居小城镇，过上了现代化的生活。

因纽特人的生活

狩猎海豹

春天，海豹会从呼吸孔爬到冰上晒太阳。这时，因纽特人会趴在冰面上，模仿海豹的动作，悄悄靠近海豹，然后看准时机猛地跃起并挥舞鱼叉刺向猎物。

夏天，因纽特人会划着单人皮艇寻找猎物，一旦发现海豹，他们便会悄悄靠近，迅速网住要潜入水中的海豹，让其拖着皮艇逃命，直到海豹精疲力竭时，再靠近将其捕获。

冬天，因纽特人会在冰面上寻找海豹的呼吸孔，并悄悄在一旁等待。当海豹浮到呼吸孔处时，他们便将鱼叉猛地刺中水中的海豹，然后拉动海豹皮做的鱼线，将海豹拉到冰面上。

居住房屋

在北极中部和格陵兰岛上，物资更加匮乏，生活在这些地方的因纽特人，使用雪建造圆形房屋。

其他地区的因纽特人喜欢用鲸骨架做房梁，再将雪块铺在外面，并围上兽皮，这样会使房屋变得更加结实、保暖。而居住在水域附近的因纽特人，会以从上游漂流过来的木材为主要材料建造房屋。

生活用品

在北极严酷的环境中，因纽特人发展出了独特却行之有效的生存方式：木材奇缺，他们便利用猎物的骨头、石头和兽皮制作狩猎工具；没有纺织品，他们就用动物的皮做衣服、包裹以及各种防寒保暖用品；他们还用有限的木材、骨头和动物皮制作雪橇与皮艇等交通工具……

“爱斯基摩”的来历

因纽特人的祖先曾经与印第安人发生矛盾，印第安人便称呼他们为“爱斯基摩”（Eskimo），该词在印第安语中的意思为“吃生肉的人”。由于词语中包含贬义，因纽特人甚为不满，而自称为“因纽特”（Inuit）或“因纽皮特”（Inupiat）人，在爱斯基摩语中为“真正的人”的意思。

北极之王——北极熊

鼻子：嗅觉非常灵敏，能嗅出几千米范围内猎物的气味。

奔跑：能在冰上跳跃和奔跑，一步可跳 5 米远。奔跑时速高达 60 千米，但不能持久奔跑。

御寒：全身厚厚的白毛，白毛是中空的，能保温隔热、抵御北极的严寒。

游泳：4 只熊掌大如双桨，可持续在寒冷的海水里游 50 千米。

利爪：爪子尖利如钩。

尖牙：北极熊的尖牙锋利坚硬如刀剑。

力量：粗壮而又灵活的四肢力量巨大，前掌一挥便能致人死亡。

攻击：用前掌击倒或打死猎物，是北极熊的常用手段。掌上长有十分锐利的爪钩，能紧紧抓住食物。

体能：每当北极熊进入“冬眠”期时，它们维持身体持续运转的养料和水分都来自于身体中存储已久的脂肪。

北极熊档案

北极熊又叫白熊，绰号“大白熊”，是体形最大的熊，体长可达 2.5 米，肩高 1.6 米，雌性重 150 ~ 300 千克，雄性重 300 ~ 800 千克。北极熊是北极的标志，目前全世界的北极熊大约有 2 万头。

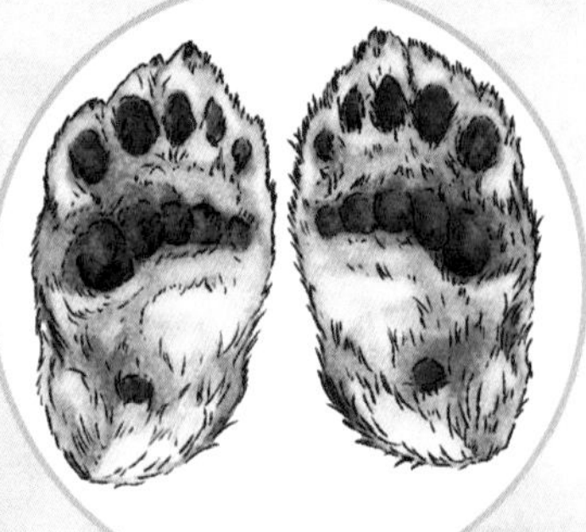

你好！北冰洋

海豹柯迪遇险记

史衍成 著/绘

人民邮电出版社
北 京

云 震

一头在寻找猎物的北极熊，绰号大白熊，是北极之王，很多动物都怕他。

费 罗

一只喜欢跟在北极熊后面吃残羹剩饭的北极狐，是北极熊的跟屁虫。

柯 迪

一只机敏且有强烈好奇心的海豹，接连从北极熊和北极狐手里逃生。

灰 哥

一只胆大的海豹，柯迪的伙伴，喜欢和柯迪开玩笑。

噢！北冰洋！

你是世界上最小的洋。

在银色的冰盖下，你的水呀，清澈又冷冽！

你是生命的摇篮，是勇敢者的乐园。

你是所有仰望者眺望的方向。

噢！北冰洋！

你是没有污染的净土，

是全人类热爱的大自然课堂。

我们要爱护你呀，就如同爱护我们自己！

我们的地球，噢！我们的北冰洋！

北极狐费罗远远地盯着北极熊，他的肚子很饿。

那头叫云震的北极熊静静地盯着冰面，任何一个冰洞都有可能是海豹的呼吸孔。

远处还有几个冰洞，可天知道海豹会从哪个冰洞探出头来换气！云震唯一的办法就是守住一个冰洞耐心等待。

云震也好久没吃东西了。时间一分一秒地流逝，云震一动不动，远处的北极狐也没有动。

云震没空理会谁在远处围观，只要不是人类，云震就可以安心做自己想做的任何事儿。

云震曾想过捕猎那三只北极狐，但后来放弃了这个想法。在这个季节，捕猎海豹才是最正确的事。营养丰富的海豹脂肪，会让任何一头北极熊垂涎欲滴。

云震知道先前被赶跑的北极狐又回来了，他现在却懒得再去搭理他们。眼前平静的冰洞，才是最值得关注的地方。

忽然，云震发觉不远处的另一个冰洞的水面有些波动，他的心也跟着一动。

越是紧要关头越要集中注意力，云震悄悄转身，前探的熊掌微微抬起。果然，他看到一个泛着水光的鼻子先探出水面，又在空气中嗅了嗅，然后那个生物迟疑了一下继续上升，一个圆溜溜的脑袋就从冰洞露了出来。

一头海豹来到冰面透气了。

云震在海豹的脑袋露出的刹那飞奔过去，他挥起长着尖利趾甲的熊掌猛力拍去。

幸好，海豹还未来得及环顾四周，就发现了云震，他吓得“刺溜”一下缩进了海水里。云震袭击不成，也急忙顺着冰洞“扑通”一声跳进海里，随即激起了一团水花。

云震虽然紧跟着进入海水中，却失去了捕猎的优势。

海豹在水中的游动速度非常快，任何一头北极熊都望尘莫及。惊魂未定的海豹，拼命地向更深更远的地方游去，直到后面追逐的声音越来越小。

海豹刚放慢速度，又发觉后面有谁在跟踪……

刚刚逃脱熊掌的海豹立刻紧张起来，正当他要重新加速时，身后传来一阵笑声：“柯迪，你这个胆小鬼，北极熊早就爬回冰面上去啦！看把你吓的，哈哈，真是胆小鬼……”

听到声音，海豹柯迪一颗悬着的心放了下来。他一个急转身，在水中划了一个圈，回头看到了那个说话的家伙。

噢！这个家伙柯迪再熟悉不过了，是环斑海豹灰哥。

“讨厌鬼！捉弄别人很开心吗？好像你不怕北极熊似的。”柯迪的话里有埋怨，也有摆脱死亡威胁后的兴奋和轻松。

对于一头年轻的海豹来说，未来一定还会遭遇这种被追捕的情况，他希望今天的幸运会一直延续下去。

柯迪觉得自己也是足够机敏，不然早就成了北极熊的食物了。

“嘿嘿！我不怕，至少在水中不怕。就算是在海面，我也不怕！”灰哥身体一蹿，向上面的冰层游去。

现在，柯迪和灰哥都躲在被冰雪覆盖的北冰洋里。那望不到边的大冰盖，如一堵巨大的墙，一边保护海豹们不受来自海面的袭击，一边却又阻断了海豹们必不可少的呼吸需要。

“去海面的时候，你不小心点儿行吗？”柯迪劝灰哥不要太大意。

灰哥似乎没听见，他一扭身体向远处明亮的冰层游去。在那里，正有一缕光亮从冰洞照射进深不可测的海里。

柯迪低头看看幽深的海底，又抬头看看远处的那个冰洞，不知道该不该跟着灰哥游过去。

刚才柯迪在冰洞那儿还没呼吸多长时间，就遭遇了北极熊，他也需要再次找个冰洞好好透透气儿。

柯迪越想越感觉呼吸困难，他想去更远处寻找冰洞，希望在那里不会遇到北极熊。

绝大多数时候，柯迪在冰洞呼吸空气是安全的，海豹总有办法躲避捕猎者的威胁。不过，海豹群里还是时不时的有海豹成为北极熊和人类的猎物……

想到自己被当成猎物的画面，柯迪不禁打了个寒战。

害怕有什么用呢？只有小心防备，练好逃生本领，比如培养观察水面动向的能力，进行水中急速游动训练，才可以保证自己在被追捕时有逃生的可能。

不知不觉，想着心事的柯迪又游出了很远。真走运！就在他急需浮出水面呼吸的时候，正好发现了一处冰洞。

柯迪小心翼翼地观察了一下冰洞周围的动静，好像很安全。

看着安全也并不能说明冰面就绝对安全。陆地上的猎手们都很狡猾，尤其是北极熊，披着一身白色的厚毛，趴在雪地里，不注意观察，还真不一定能发现他们隐藏的位置。

柯迪刚刚逃过了一劫，惊魂未定的心情才有所平静，就要进行第二次冒险了。

柯迪紧张得心脏都要跳出来了，他在水面下围着冰洞转了几圈后，悄悄地向着冰洞探出头去。

啊——

一股凉爽而清新的空气瞬间进入柯迪的肺里，太舒服了！心情舒畅的柯迪放松了警惕，他一边呼吸，一边快速环顾四周。好像很安全！哎呀！真是太好了！

柯迪把头全部露出了水面，贪婪地将空气吸入肺里。

柯迪放下心来，他还有了一个更大胆的想法：爬到冰面上去。懒洋洋地躺在雪地上，既可以放松休息，同时还能尽情地呼吸，这可是一举两得的事儿啊！

顺畅的呼吸让柯迪的胆子更大了，他猛地向上一蹿，身体便搭在了冰洞上。腰一使劲，柯迪就从冰洞蹿到了冰面上。

躺在踏实的冰雪上，柯迪的内心也慢慢地平静下来。

四面都是白色的冰原，一直延伸向远方。整个天地空荡荡、凉飕飕的。柯迪一点也不害怕，他知道厚厚的冰层下面，是可爱的北冰洋，是他最幸福的安身之地。

虽然海豹不能一直待在海里，但那里却是他们获取猎物和生存的福地。

柯迪刚要忍不住赞叹一下，就又变得紧张起来。他发现远处好像不对劲！再仔细看看：远处的一个小雪堆怎么怪怪的？对猎手们颇有了解的柯迪，在发现可疑之处时就会很小心。柯迪的紧张得到了证实，是北极狐！

那个小雪堆，竟然是悄悄潜行而来的北极狐费罗。

北极狐，这个喜欢跟着北极熊吃残羹剩饭的家伙！

在柯迪的眼里，北极狐谈不上危险的猎手，只是北极熊的跟屁虫……

不好！这家伙出现的附近说不定就会有北极熊。

看到北极狐缓缓地走来，柯迪急忙向冰洞爬去。只是海豹在冰面上要比在水中笨拙得多。

幸亏他距离那个冰洞并不远……

小心翼翼地潜行回冰层下面后，惊魂未定的柯迪又拼命地游了一会儿，才放缓了速度。

前方出现了几头海豹，柯迪急忙游了过去。只有在海豹群中，他才能获得宝贵的安全感。

经历过两次生死考验后，柯迪已经吸足了空气，现在他要捕猎进食了。

柯迪也是个捕猎者，他灵活的身体在水中快如闪电。和其他海豹一起围捕鱼群带来的快乐，很快冲散了柯迪之前的惊恐。

这是一场盛宴，柯迪在这次捕猎中收获很多。大量的进食和激烈的追逐之后，柯迪放缓了速度。他退出了捕猎场，悠闲地在水中游荡。

前方，有一头海豹也在缓慢游动，柯迪跟了过去。

“海豹姑娘！那面有个鱼群，你为啥不去捕猎？”热心肠的柯迪停在那头海豹的身边，他觉得这头海豹好像很孤单。

“我有事儿，别来烦我。”雌海豹瞥了柯迪一眼，一点儿也不领情。她看了看头顶厚厚的冰层，又说道:“小子，去忙你的吧，别在我身边晃悠。这上面好像有北极熊，你不怕吗？”

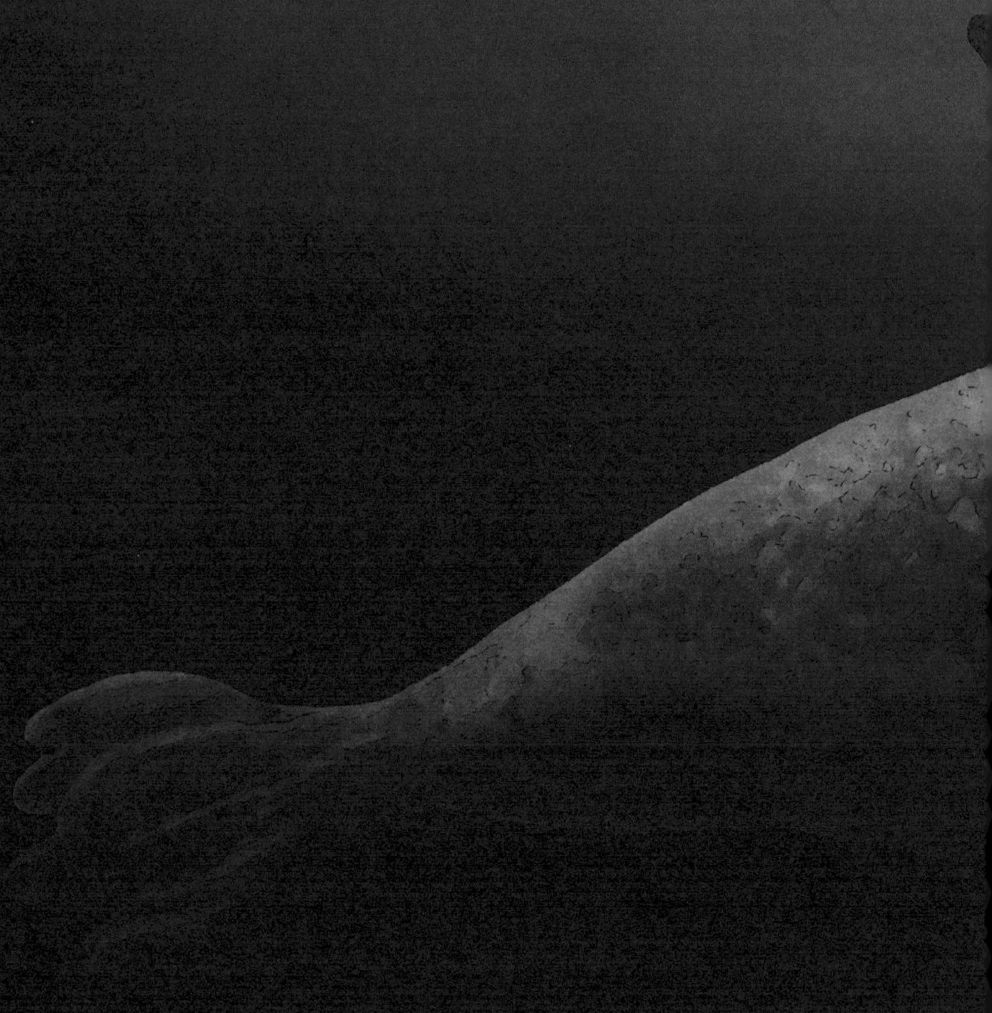

“怕有啥用？不过，今天真是个紧张又刺激的日子！”柯迪很想说一说自己今天的两次危险遭遇，可雌海豹却不太愿意听。

“小子，你走吧，这上面好像真有一头北极熊。”雌海豹说着话，头也不回地游走了。

柯迪顺着雌海豹游走的方向望去，那里要比其他地方的冰层明亮，他看到雌海豹很快就消失在了那片光亮中。

那里一定有个冰洞！怪不得雌海豹说上面也许会有头北极熊。

要是那个冰洞口真的潜伏着一头北极熊，会有啥事儿能让雌海豹甘愿去冒险？

柯迪徘徊了一会儿，还是忍不住要过去看一看，他有点儿喜欢那个美丽的姑娘。

柯迪悄悄游到冰洞下面，发亮的水面晃得他有点迷糊。他甚至想来一个快速行动，直接将头蹿出冰洞一探究竟，却又想起来今天的两次遇险。

柯迪在冰洞下方转着圈，一直不敢贸然把头探出水面。因为他听到厚厚的冰层上面，正传来一阵阵的“扑通”声。

上面发生什么事儿了？强烈的好奇心最终还是战胜了极力保持谨慎的努力，柯迪向冰洞游去，把头探出了水面。

这次，凉爽的空气并没引起柯迪一丁点儿兴趣，他嗅到了一股血腥的气息。

柯迪在水中向上一蹿，完全露出水面的头仅仅在冰面上停留了一秒钟，就又“哗啦”一下缩回到冰洞里。

柯迪的好奇心完全消失了，他又拼命地潜入海底。

柯迪慌乱的心情难以平静，他不断地回忆着没太看清楚的情景……

柯迪只想远离这里，不知为啥，今天这里的北极熊和北极狐特别多。

待心情稍稍恢复平静，柯迪想通了：在寒冷的北极，所有的动物都在想方设法活下去，海豹不例外，北极熊也不例外；要想不被当成猎物，就要让自己变得更聪明和谨慎才行。

柯迪有个新的疑问：所有海豹都怕的北极熊又怕谁呢？

这个问题对于柯迪来说太伤脑筋了。

柯迪又想起了雌海豹的命运。柯迪从小就知道，见到北极熊一定要跑，不然就会被吃掉。这个道理那头雌海豹不会不懂吧？可是刚才他明明看到了……这是为什么呢？

在夏天，北冰洋中的水藻为体形微小的片脚类和桡足类动物提供了足够抵御严冬的能量，而这些身长一般只有几毫米的动物又会被鱼吃掉，鱼又是海豹和鲸的食物，那站在北冰洋食物链顶端的动物就是北极熊。

没过多会儿，柯迪再次上浮，而冰盖之下空荡荡的，海豹群早已追随着鱼群远去了。

柯迪决定再次冒险，他真希望自己刚才看错了。

柯迪感觉自己头皮发麻，他硬着头皮靠近冰洞，悄悄地将头探出海水，眼睛在冰洞边缘东瞅瞅西看看。

这一看不打紧，柯迪吓出了一身冷汗，这次他看得真真切切……

柯迪迅速潜回到海底，没有引来任何的追击。但北极熊那张大吃大嚼的嘴巴，一直在柯迪的眼前晃动。

那头雌海豹已成了北极熊的美餐。

柯迪没有去找海豹群，他知道海豹群即使离开一阵子，最终还是会回到这里。他想不通的是，为什么明明知道外面有北极熊，雌海豹还要爬到冰面上去？

柯迪苦思冥想也得不到答案，他甚至无奈地将头顶到冰层下方，希望寒冷的冰块有助于自己想清楚这件事儿。

柯迪在冰盖下游来游去也想不出答案，正要无奈地离开时，他忽然发现不远处的冰层上有一个曲折隐秘的冰缝。

柯迪游了过去，小心翼翼地将头探进冰缝。哇！里面竟然藏着一头刚出生不久的小海豹。柯迪惊呆了：“小海豹，你是谁的孩子？”

小海豹一声不吭地瞪着小眼睛，好像还不知道什么叫害怕。

“小海豹，你还不能下水是吧？你妈妈呢……”柯迪忽然问不下去了，他一下全都明白了。

过了好一阵子，柯迪才离开了小海豹。他很难过，也想明白了一些事儿：小海豹的妈妈就是那头雌海豹。

原来，雌海豹在冰雪掩护下的巢穴中照看小海豹时，发现外面有一头北极熊嗅到了巢穴的位置。

雌海豹虽然可以顺着通往海里的冰缝逃入海中，小海豹却不能。他还不会游泳，掉入水中就会淹死。雌海豹害怕北极熊刨开巢穴吃掉自己的孩子，这才不顾一切地跳出冰洞想把北极熊引开。

雌海豹是用自己的性命换来了小海豹的暂时安全。

柯迪很难过，不知是为了死去的雌海豹，还是担心小海豹的未来，又或许是想到了整个海豹族群的未来。

柯迪很想帮助小海豹，却又无能为力，他是一头雄海豹，没有奶水喂养小海豹，也没有能力去对抗强大的北极熊。

柯迪想通了为什么这里总会发生危险的事儿：冰洞太多了。可是，在这个季节海豹又怎么能离开冰洞呢？

柯迪要走了，却没法带走小海豹。他希望自己能尽快回到海豹群，更希望能找到帮助小海豹的方法。

柯迪不再去想冰层上面的北极熊正在干什么。一头逃命的海豹绝不愿意去想猎手的事情。

对于捕猎成功的北极熊来说，只要有充足的食物，冰层下无论正在发生什么都没有任何意义。

北极熊云震心满意足地吃光了雌海豹的脂肪，便不再去考虑那个尚未挖掘出来的海豹窝，更不会去想为什么会有一头雌海豹主动跳出冰洞挑衅自己的捕猎能力。

云震在冰雪上反复抹擦自己的皮毛，将捕猎时沾染在身上的血迹和肉末清理干净。

忙活了一阵儿后，他又趴在冰雪上抬头看了看远处：几只北极狐正在分扯他吃剩下的海豹残骸，以便躲到角落里去享受不劳而获的美食。

云震并不讨厌这些小东西，浪费食物在哪儿都是可耻的。云震要美美地休息一阵子，毕竟这种好日子不会永远有，饥饿的日子总会到来……

雌海豹在寒冰上产下小海豹后，就会和自己的孩子相依为命。

海豹妈妈每天要来巢穴喂奶 7 ~ 8 次。刚出生的小海豹全身长满白色绒毛，用来御寒；这种毛色还可以让其很好地隐藏在白色的冰雪中，不易被敌人发现。

世界上最小的大洋—— 北冰洋

北冰洋又称北极海、冰水洋。它以北极点为中心向四外扩散，和太平洋相通，最深处 5527 米，面积 1475 万平方千米（不到太平洋的 1/10），是世界上最浅、最小的大洋。

北极地理档案

北冰洋位于地球最北端，该地区为极寒之地，海面上常年覆有冰层，其中 2/3 以上的海面全年覆盖着高 1 ~ 4 米的巨大浮冰，这些浮冰和一些冰山在海面上自东向西地漂着。北冰洋的海冰已持续存在 300 万年。

北冰洋是地球上唯一的白色海洋，沿岸多为永冻土带，永冻层厚达数百米。

北冰洋的极夜

在北冰洋，一年中有将近 6 个月的时间没有阳光。北冰洋的极夜期很单调，但海底却生机勃勃。

在巨大冰川断裂后形成的断崖中，无数浮游生物、软珊瑚和海藻在海底飘摇。它们只需要在极昼期存储或通过光合作用存储能量，就可以度过几个月的极夜时光。

北冰洋沿岸

北冰洋沿岸一部分与欧亚大陆相接，另一部分与北美大陆和格陵兰岛相接。这两大部分以白令海峡和格陵兰海相分隔。

独角鲸

壮观而神奇的海冰

海冰是北冰洋很多生物赖以生存的资源，没了海冰，这些生物也就不复存在。

在低温下，无数冰晶结合在一起形成厚度可达 3 米的冰块。不同的大冰块再互相挤压形成一座座冰山。一座座冰山再拥到一起，就形成壮观的冰山群。

海冰能潜入水下几十米深，即使在强风中，冰山依然能够巍然不动。

海冰对北冰洋而言非常重要，它不但可以控制北冰洋的温度，更能防止地球变暖。

现在，因为地球变暖的缘故，北冰洋的海冰也逐渐消融，导致整个北极圈正在缩小。随着海冰越来越少，北冰洋吸收的阳光越来越多，北冰洋就会越来越暖和，海水融化得也就越快，这种现象形成了一个恶性循环。北冰洋变暖，地球上的其他地方就会变得更暖，对全球的海洋生态都会造成巨大的冲击。

安静的猎手——北极狐

变色：在夏天时，北极狐的皮毛会变成黄灰色；到了冬天，全身又会换上洁白的皮毛。

行动：北极狐的脚底长有长毛，可以确保在冰上行走时不会打滑。

御寒：北极狐的毛皮又厚又软，足以为其在 -50 摄氏度的冰原上活动提供御寒保障。

捕猎：北极狐利用嗅觉和听觉发现猎物并跟踪捕猎，是个勤劳的猎手，一天甚至可以捕猎 90 次。

食物：旅鼠、鱼、贝类、鸟类、鸟蛋、北极兔等。

听力：北极狐的听力超强，可以听出冰雪下旅鼠行动时发出的声音。

习惯：白天时北极狐通常会聚集在一起休息，傍晚时分才会外出寻找食物。

北极狐又名白狐，生存于北冰洋沿岸和岛屿上的苔原地带，广泛分布于俄罗斯最北部、格陵兰岛、挪威、丹麦、冰岛、美国阿拉斯加州和加拿大最北部等地。

北极狐是安静的观察者和狩猎者，喜欢在丘陵地带修建有多个出口的巢穴，并时时维护，以便可以长期居住，以及在夏天食物充足时储备食物。

冬天，北极狐会待在温暖的地下洞穴里等待春天的到来。

北极狐的艰难“狐”生

千百年来，北极狐早就习惯了经常挨饿的日子。当长期找不到食物时，北极狐甚至会向同类发起攻击。

每当夏天即将过去的时候，候鸟儿们纷纷飞离北极的海岸，然而总会有一些老弱和受伤的鸟儿无法离开，它们就有可能成为捕猎者们的盛宴。北极狐当然不会放弃这个补充能量的好机会，以顺利度过即将到来的食物短缺的冬天。

在北极的寒冬到来之时，鲸、鸟等动物都开始纷纷逃离，而当年出生的小北极狐却开始了它们艰难的生存之路。

北极兔

旅鼠

捕猎旅鼠

北极狐的嗅觉和听觉非常灵敏。当它发现旅鼠的踪迹后，会迅速挖开雪下的旅鼠窝。当窝即将被挖开时，北极狐还会高高跳起，利用身体下落的重力，用前腿将旅鼠窝压塌，再将旅鼠一窝端。

捕捞海雀

为了捕猎海雀，北极狐会在海雀筑巢的乱石间穿行，并隐藏起来，只留一个脑袋露在乱石外面窥视。在其他空中捕猎者捕猎海雀的一片混乱中，北极狐会突然间跳起，捕猎惊慌失措的海雀。

跟踪强者

在冬天，北极狐喜欢追随着北极熊的身影，靠捡拾残羹剩饭维持生存。而北极熊捕不到猎物时，也会反过来去捕猎北极狐。

母爱

一窝北极狐诞生两个月后，独自照顾幼崽的北极狐妈妈便会外出捕猎旅鼠等食物。每当听到妈妈轻柔的呼唤声，小北极狐们便会纷纷跑到妈妈身边，和妈妈一同分享猎物。直到出生 10 个月后，小北极狐才开始独立生活。

家庭生活

在北极狐的家庭中，北极狐爸爸负责狩猎，北极狐妈妈负责抚养幼崽。如果北极狐爸爸因意外死去了，北极狐妈妈会独自抚养幼崽，甚至带着幼崽投靠其他的北极狐，许多小北极狐幼崽会因此死去。

精打细算

北极狐在夏天捕猎或捡到死去的猎物时，会找个地方将其埋起来，到冬天猎物稀少时再挖出来。它也会来到苔原湖泊，刨食冻在冰层表面的小鱼。

如果捕到了或捡到了大猎物，北极狐在吃饱之后，会将猎物分成可以带走的小块儿，带回去给饥饿的幼崽吃，或储藏起来。

危机

随着地球变暖，赤狐也陆续出现在北极地区。这种比北极狐大的狐狸入侵北极狐的领地，给北极狐的生存带来了竞争和挑战。

海洋的子民——海豹

海豹是海洋哺乳动物，为了适应在海水中的生活，海豹的四肢已经进化为鳍状。海豹厚厚的皮下脂肪不但可以抵御海水的冰冷，还能在游泳时产生浮力，并作为海豹的能量储备，为其提供生存保障。

海豹生活档案

近亲

海豹的体形很像圆滚滚的纺锤，且全身长毛，前肢短于后肢。海狮和海象虽然都是海豹的近亲，但它们的后肢能转向前方支撑身体。

群居社会

海豹喜欢群居生活，通常都是十几甚至几百头聚集在一起。如果有一头海豹忽然跳进了水里，其他的会毫不犹豫地紧跟着跳进去。

争斗

为了得到雌海豹的青睐，雄海豹之间总是发生争斗。它们会用牙齿相互撕咬，直到有一方落荒而逃，争斗才会停止。

家庭生活

海豹大部分时间在海中捕猎或玩耍，只有在产崽、休息或换毛的季节才会爬到冰面上，或沙滩、岩礁上去。

在繁殖的季节，海豹们开始建立家庭。而当海豹宝宝出生后，海豹们就又会组成家庭群，直到哺乳期过后才散伙儿。

雌海豹大多在冰上产崽。当冰融化之后，幼兽才开始独自在海中生活。因为不可抗拒的原因或遇到突发情况时，雌海豹才不得不在岸边的沙滩上产崽。

一个海豹的家庭中常常有几十个“妻子”。家中的雄海豹会保护自己的众多“妻儿”，直到小海豹能独立生活，这头雄海豹才会离开。

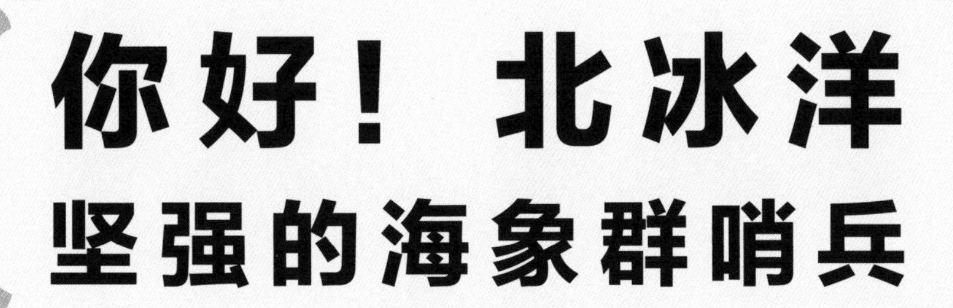

你好！北冰洋
坚强的海象群哨兵

史衍成 著/绘

人民邮电出版社
北 京

云　震

一头在寻找猎物的北极熊，绰号大白熊，是北极之王，很多动物都怕他。

费　罗

一只喜欢跟在北极熊后面吃残羹剩饭的北极狐，是北极熊的跟屁虫。

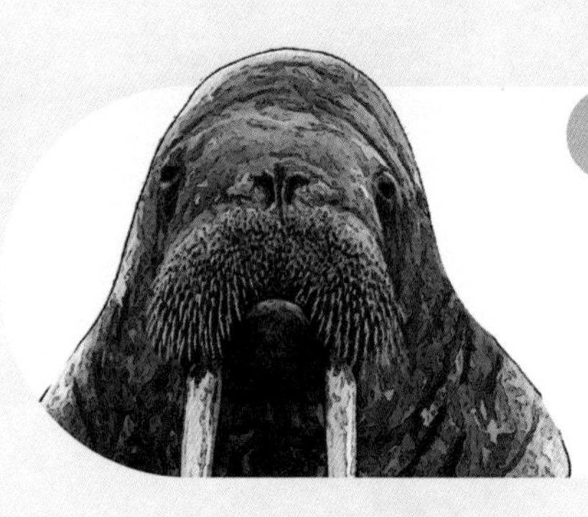

狄　鲁

一头勇猛的海象，敢于独自和北极熊战斗，平时还会为正在休息的伙伴放哨，并逐渐成为海象守望者。

科　亚

一头有些胆小的海象，狄鲁的伙伴，并且非常崇拜狄鲁。

融化的冬天

站在白色的冰雪间，我们是北极古老的居民。

千百年来生活于此的我们，凝视着正在变得陌生的北极。

北冰洋那越来越少的冰面啊，不停地缩小着我们的家园。

在提前融化的冬天里，我们流淌着焦虑的眼泪。

人类呀！请高抬贵手，快快减少让地球变暖的行为。

请还给我们应有的温度——

爱的温度不只有温暖，尊重自然的爱会更加伟大。

我们都是地球的孩子，请让我们互相热爱。

在爱中学会彼此关照，关照我们共同的大自然。

北极熊云震的心情很糟糕。

今年的春天来得特别早，很多冰层都提前融化，几乎所有的浮冰之间都开裂出一条条水道。

这可不是什么好现象！

海豹越来越难捕捉，因为它们不再需要借助冰洞呼吸。

当看到因为带着两个幼崽的北极熊妈妈因无处觅食而失落的样子，云震不由得发出一声叹息。

云震看着远方，心情也像茫茫的北冰洋一样空荡荡的。他开始担忧起来，恐怕忍饥挨饿的日子要提前到来了。

为了找到猎物，云震决定去更远的地方。尽管前方会有更多浮冰，但那里也许正是海豹的出没之地。

云震总是孤独地行走在北极，但事实上，他并不孤独，因为他的身后还跟着几个追随者——那头北极熊妈妈和她的两个孩子。

按照以往的情况，北极熊妈妈决不会让自己的孩子暴露在一头饥饿的雄北极熊的猎杀范围内。但是，他们一定也是太饿了，这才希望凭借雄北极熊的能力去获得难得的猎物。

还有一种可能就是，北极熊妈妈和云震一样，希望前方会有一个猎场。

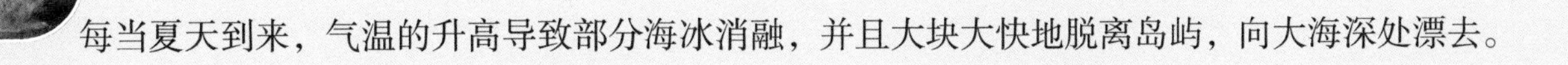

每当夏天到来，气温的升高导致部分海冰消融，并且大块大快地脱离岛屿，向大海深处漂去。

前方浮冰越来越多，却仍然没有看到任何一种猎物的影子。倒是有几只北极狐，也悄悄地出现在云震周围。

云震饥饿难忍，他甚至想捕猎北极狐暂且充饥。虽然北极狐的肉不像海豹的脂肪那样富含能量，但是也足够给肚子垫垫底儿。

云震放缓脚步，悄悄隐藏起来，趁几只北极狐缓慢靠近时，他一下子跳了出来……

北极狐也是北极有名的猎手，不会被轻易捕获。虽然有一只北极狐被云震一掌击中，却只扫到他一条后腿。

北极狐疼痛难忍。伴随着一声惊叫，他在地上一个翻滚，身体闪到一边，紧接着就连滚带爬地向来时的方向跑去。

云震绝不会轻易放弃猎物。

可那只受伤的北极狐，更不甘心成为猎物。他和另外几只北极狐很快凭借身小体轻的优势，逃窜得无影无踪了。

这下，云震无可奈何了，但表情依旧很平静。他看着远方，目光忽然落在了那头雌北极熊那边。她的一个孩子已经饿得奄奄一息。

看到云震贪婪的样子，雌北极熊紧张起来。她猜出了强壮的云震在打小熊崽的主意。

云震想了想，随后转过身去，默默地向着远方前行。

云震想起了去年他曾经去过的一个地方，不管今年去那里会遇见什么，总比留在原地会更有希望……

云震很快就把雌北极熊一家甩在了身后。他形单影只地前行时，忽然远远地看到了一个庞然大物，这是谁？这是谁？这分明是一头海象呀！

云震几乎不敢相信自己的眼睛，海象从来都是群居生活的，怎么跑出来一个流浪汉？

这可真是天赐美食！那头海象看起来呆头呆脑的，他为啥独自跑到一块大浮冰上？云震忽然觉得自己很好笑！管那么多干嘛？最起码海象那一身厚厚的脂肪就已经很诱人了。

云震越想越兴奋，却一丁点儿也不敢轻视远处这个庞然大物。要按体重来算，北极熊未必是海象的对手，顶多就算势均力敌。此时在陆地上，海象行动笨拙并不占优，这样云震就很容易发挥那强劲熊掌和尖利牙齿的作用。

云震准备先试探一下。毕竟，海象浑身树皮一样厚的皮肤就像一身铠甲，能够完完全全保护自己免遭侵害。

同时，云震也很忌惮海象那对可怕的长牙……

那头海象看起来好像满不在乎的样子。

云震心中忽然一喜，他猛地向前方的庞然大物扑了过去。

海象已经近在眼前，云震仿佛看到了一顿比海豹肉还要丰盛的大餐。那头可怜的雌北极熊和她的两个快饿死的幼崽，也都会分享到这顿丰美的食物。

也许，还会有更多的动物可以跟着大吃一顿。

只在一瞬间，云震的美梦就被海象突然的一个急转身给打破了。只见海象胖胖的身体向后一蹿，就在冰面上快速滑了出去。

就在云震从空中落到冰面之时，海象早已“刺溜”一下滑进了浮冰下的海水里。

云震的美餐也随之落入北冰洋的海水中，泡沫一般消散无踪。

身体强壮、经验丰富并有着强大自信心的云震，绝不会轻易放弃任何一个猎物。他毫不犹豫地紧跟着向前一跃，“扑通”一声跳入冰冷的海水里。

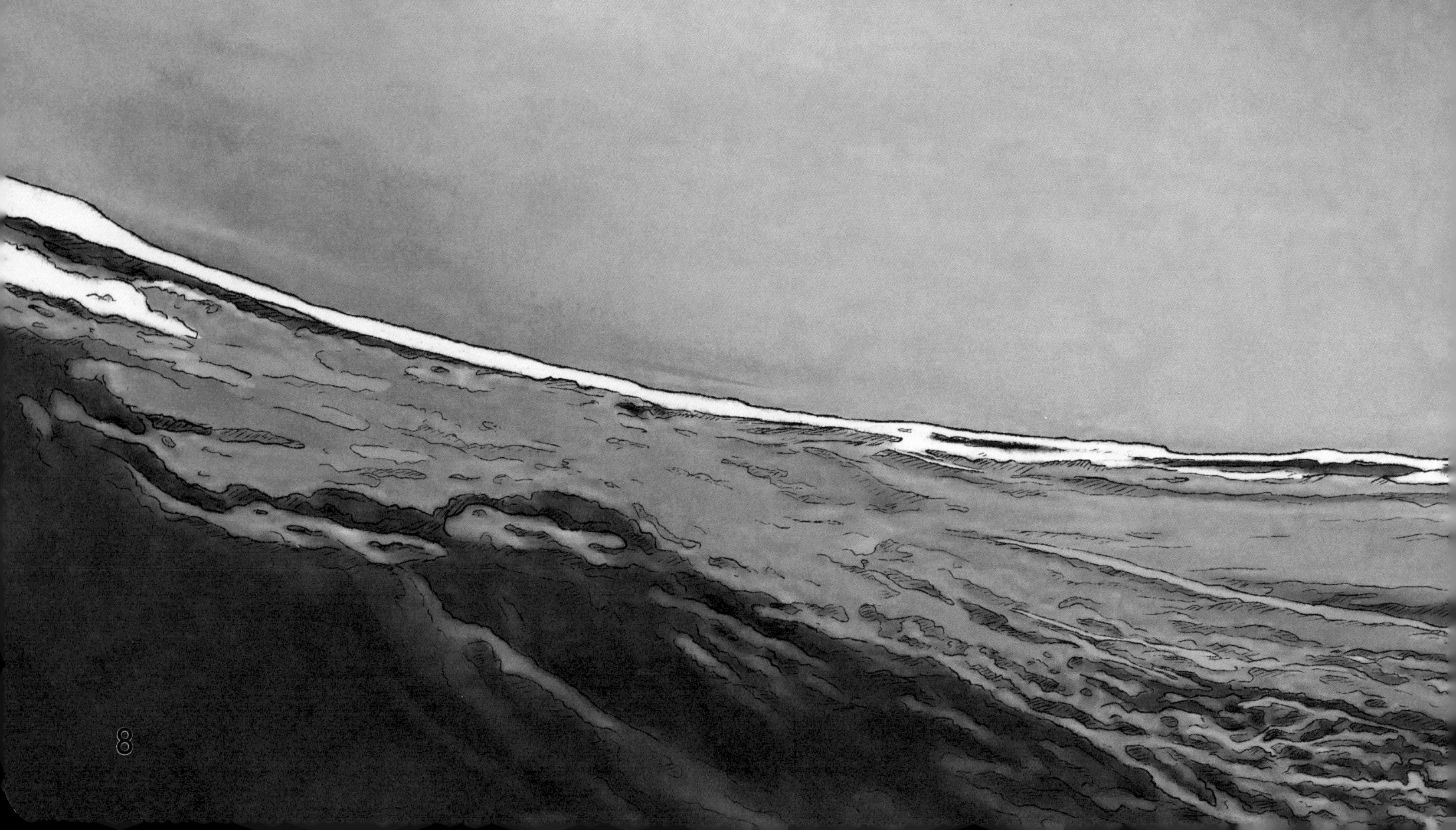

那头海象在入水之后信心大增。他不但没有继续逃窜，而且在水中来了个灵活的转身，从刚刚跳入水中的云震身后钻出水面，高高地扬起他的长牙。

这两根尖牙，如同两把锋利无比的长剑，带着北冰洋的凛冽寒意，向着来犯的敌人猛刺过去……

哎呀不好！这头海象怎么会这么勇敢？云震吓得急忙向水中潜去，但还是慢了一步，肩膀被尖利的海象牙划出了一道口子。

惊魂未定的云震从没有受过如此大辱，他在脱身之后也一个反扑向海象冲来。

看到云震张口咬来，海象也没有丝毫胆怯。他在水中异常灵活的身体给了自己强大的自信心。

海象的獠牙再次扬起！

可那对獠牙还未刺进敌人的身体，海象就感到前鳍脚一阵疼痛，身体也跟着在水中旋转起来，掀起的巨大浪花冲上了旁边的浮冰。

远处，又有几只北极狐在静静观战。无论是谁失败，他们都有获得美餐的机会。

海象忍着疼痛，努力让自己保持清醒。当他旋转着摆脱了北极熊的纠缠后，又一次扬起长长的獠牙，对着被甩得有点发晕的北极熊自上而下猛刺过去。

海水再次掀起巨大的水花，云震也再次被击中了。不过还算幸运，这次受伤的只是他的熊屁股。

接连两次受伤，让云震清醒过来：北极熊在海水中和海象搏斗，只会处于劣势，继续受到攻击；如果再这样周旋下去，甚至会性命不保。

云震准备逃跑了。他借着海水翻滚的力量，在靠近冰面的地方使劲儿向上一蹿，未等海象的长牙再次落下，就已经回到了冰面之上。

好惊险！云震的身体在冰面上还未站稳，那对海象牙就“咔嚓”一下落在了云震身后的冰层边缘，碎冰飞溅而起。

云震吓得不敢停留，他又往前逃了几步才扭身停下。

而此时，海象早已不见了踪影。

眼睁睁地看着一顿豪华盛宴被海水淹没，云震很失望。他转头看着躲在远处的几只北极狐，满心的失望比身上的伤痛更让他难受。

对于北极熊来说，食物比身上的伤痛更重要。幸运的是，云震身上的伤并不严重，更不会影响他的行动。

云震休息了一会儿，就再次抖擞着精神站立起来。他望着海象逃走的方向心中暗想：就算还会被海象打败，也不能丢了一头北极熊狩猎的信心。

云震回望了一下身后正在消融的浮冰，毫不犹豫地跳进了冰冷的海水里，游向前方的一块又一块浮冰……

当云震一连穿过几块浮冰之后，再回头看时，“小跟班”北极狐们早已消失在茫茫的浮冰之间，而那头可怜的雌北极熊和她的幼崽仿佛从来没有出现过一样，在冰冷的北极世界没有留下一丝印痕。

这就是世界，这就是北极，这就是北冰洋！

饥肠辘辘的云震一直在寻找那头海象的踪迹，他深信那头海象一定会带领他找到一大群海象。

云震的努力没有白费，他在几天之后终于找到了那头海象。

海象冷漠地盯着被自己打败的北极熊，心想：“这个家伙竟然能在几天之内跟踪过来？北极熊不愧是北极的强者！”

海象在心中暗暗赞叹着，也泛起一阵焦虑：“如果自己停下来，就一定会和这头北极熊继续恶战。如果逃走，北极熊要不了多久，就会发现海象群栖息的地方了。这该怎么办呢？”

海象有点儿自责，他没想到这次自己独自外出，竟然会引来北极熊。可海象无法改变现

状，最后他还是决定离开，避免和北极熊继续缠斗，毕竟生命才是最重要的。

海象再次撤退，却并没有直接返回海象群。他故意向另外的方向游去，想绕个弯，利用自己在水中的优势摆脱北极熊的跟踪。

海象游动的速度很快，想甩掉一头北极熊非常容易。他想：“要不是我受伤的鳍脚影响了游动的速度，怎么会被北极熊跟踪呢？”

好在鳍脚上的伤已经好多了，海象游动得也快了起来。目前来看，甩掉一头北极熊应该不成问题。

海象又游了很久，感觉很累的时候才停下来。他爬上浮冰四处张望，无论是浮冰上还是海水里，哪里还有什么北极熊的踪影！

海象的心情舒畅了起来，这时他才掉转身体向另一个方向游去。

又过了好久，海象才确定自己甩掉了北极熊。这时他一口气又钻进水里，游向他的海象群同伴。

虽然海象要提防自己成为北极熊的猎物，但他自身也是一个捕猎高手。

海象最重要的武器就是那对能战胜北极熊的獠牙。

这时，海象感到一阵饥饿，也知道自己的海象群同伴应该开始在海底捕猎了。这头成功摆脱跟踪的海象，挥舞着长牙开始在海底的泥沙中使劲翻动，一股股泥沙便翻卷起浓重的污浊水流。这正是海象需要的，他用自己的胡须在泥沙中试探，无数美味的蛤蜊无处隐藏，海

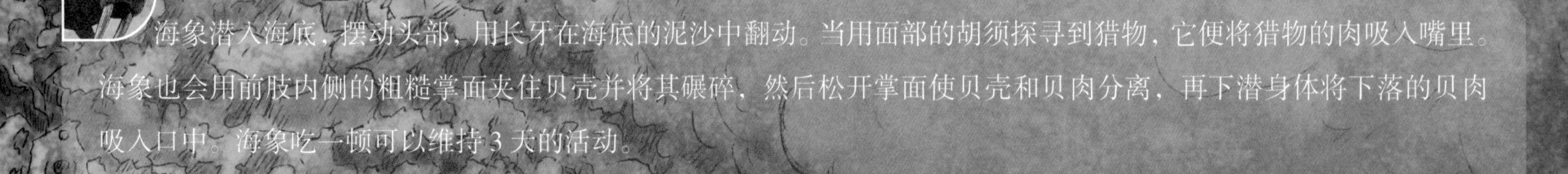

海象潜入海底，摆动头部，用长牙在海底的泥沙中翻动。当用面部的胡须探寻到猎物，它便将猎物的肉吸入嘴里。海象也会用前肢内侧的粗糙掌面夹住贝壳并将其碾碎，然后松开掌面使贝壳和贝肉分离，再下潜身体将下落的贝肉吸入口中。海象吃一顿可以维持 3 天的活动。

象便把蛤蜊肉全都吸进嘴里。

“太鲜美了！”海象一扫刚才被当成猎物时的阴影，尽情地享用着美食，所到之处都翻滚着浓雾样的泥沙。这泥沙滚滚向前，不知不觉就融入了前方一片更大的因为狩猎而被翻卷起的泥沙之中。

“噢——天哪！”海象惊叹道，“我的海象群同伴！”

“狄鲁，是你吗？”忽然，前方的泥沙中传来了一个熟悉的声音，是在喊这头海象的名字。

紧接着，一头年轻的海象游出了对面的海象群。

“噢！科亚，当然是我！你瞧瞧，不是我还能是谁？”狄鲁哈哈大笑。他和科亚很快就游出狩猎的队伍。

科亚知道狄鲁独自外出的事儿，他现在特别想知道狄鲁离开海象群之后都遇到了什么。

狄鲁也有很多话想对年轻的海象科亚说：“你知道，我只是想离开海象群独自走走，却差点没回来。你猜我遇到了谁？”

“很可怕吗？”科亚“继承”了所有海象胆小的特点，紧张地看着狄鲁，“莫非……是北极熊？”

海象的年纪越大犬齿越长，其寿命可以达到 40 岁。海象身上布满的伤疤，都是它们在长期的生存斗争中，用牙齿打架留下的印记

“就是北极熊，我还和他进行了一场搏斗！那头大白熊想吃我，所以我就给他点儿颜色看看！”狄鲁看着科亚目瞪口呆的样子，抬起了带着伤痕的鳍脚，“这就是那头可恶的北极熊给我留下的纪念，我会记住他的。”

“噢！太可怕了！狄鲁，你真勇敢。你是海象家族的骄傲！”科亚从小就喜欢跟狄鲁在一起玩儿，在他的眼里，狄鲁是一头无所不能的海象。

远处，海底捕猎结束了，海象们都游向远处的礁石，狄鲁和科亚也紧随其后。

没多久，巨大的礁石上就被海象占满了，他们准备呼呼大睡。

海象爱睡觉、爱扎堆。大家挤在一起身体互相挨着，在那种依靠的感觉中睡觉，对于海象来说很舒服。

狄鲁和科亚在一个角落里找到了合适的位置，他们挤在一起，默契地同时闭上双眼，进入了梦乡。对于每一头海象来说，这都是一种最纯粹的生活。

也不知道过了多久，有一头高大的北极熊忽然跳了出来。“啊！”狄鲁大叫了一声，猛地惊醒了。天哪！原来是一场梦！

这虽然只是场梦，却在整个海象群掀起了一阵骚动。狄鲁在梦中剧烈晃动着，很快惊醒了旁边的科亚。科亚又瞬间惊动了周围的海象。一石激起千层浪，整个海象群像潮水一样奔涌起来，大家都拼命往海中游去。

海象们根本都不知道发生了什么，只是见到有海象逃跑，就都跟风逃命。

狄鲁也被其他海象簇拥着挤进了海里。他想告诉大家真相，可在乱哄哄的场面下谁会听呢？

过了好一阵儿，海象们才又爬回礁石上去。

大家爬回礁石上也没别的事儿，只是继续休息。看着大家重新安静下来，狄鲁不想睡了，他想站岗放哨，让大家好好睡觉。

其实，现在早有其他的海象在巡逻放哨，狄鲁的心却始终不踏实，那头大白熊的身影依旧在他的眼前晃着。

看到几头小海象时，他难免会有更多的担心。狄鲁心里清楚：成年海象可以对抗北极熊，而小海象就不行了，这些小家伙都还没长好震慑北极熊的长牙。

狄鲁越想越不安，他时不时地在海水中来回游动，总是有一种危机感在心中涌动。

日复一日，越来越多的海冰开始消融，海象们的栖息地越来越小。

狄鲁更紧张了，除去捕食和睡觉，他都会昂起头颅，在礁石上瞭望四周的海面，或在海水中围着海象群栖息的地方来回游弋。

狄鲁逐渐成为伟大的海象守望者。

狄鲁鳍脚上的伤已经完全好了，他一直担心的事情也没有发生。狄鲁暗暗庆幸："这么多天过去了，那头北极熊一定是没有跟踪到我的行迹，海象群安全了。"

不过，狄鲁依旧保持着为海象群放哨的习惯，年轻的海象科亚也跟着他养成了这个习惯。

科亚还总是缠着狄鲁问这问那："狄鲁，北极熊在水中也能和海象战斗吗？"

"能！但在水中是我们海象的天下。所有海象都知道，要是在陆地上遇到北极熊，你一定要想办法跳进海里。"狄鲁回答。

"这样的话，北极熊为啥还敢在水中挑战我们海象呢？"科亚歪着头想了半天，忽然喊了起来："狄鲁，你看，好像真的有一头北极熊要在水中挑战我们了。"

"在哪里？"狄鲁心中一惊，他顺着科亚的目光看去，真的有一头北极熊正缓慢地向海象群游来。

从动作上能看出来，这头北极熊已经累得筋疲力尽了。

不好！狄鲁最不想见到的事情还是发生了。北极熊的跟踪能力令狄鲁震惊，他嘴上不停地叨唠着："冷静！一定要冷静！这家伙可是我的手下败将，他一定不敢贸然行动！"

狄鲁猜得没错，那头北极熊正是云震。云震也不记得自己已经在北冰洋中游了多少天。就在已经饿得直犯迷糊时，他终于发现了海象群。

云震的兴奋劲儿瞬间就上来了，可很快这股劲儿就被狄鲁的出现浇灭了。云震心中一惊，虽然他也预料到会见到自己的仇人，但他打心里不想再次挑战这头勇猛的海象。云震开始后退，渐渐将身体躲进一块浮冰后面。

北极熊的撤退反而让狄鲁更加觉得不安。

科亚却在第一次见到北极熊后，显得非常兴奋：“北极熊看起来真的很威猛。不过他为啥跑了？狄鲁，这头北极熊是不是怕你才跑的？”

狄鲁好像没有听到科亚的夸奖，他想："这头北极熊既然能千里迢迢找到海象群，绝不会轻易就撤退。他一定有更大的阴谋。"

狄鲁也不敢冒险去北极熊藏匿的浮冰边缘一探究竟，因为北极熊特别擅长偷袭。

狄鲁心中一惊！他刚要和科亚一同巡视整个海象栖息地，就看到礁石上的成百头海象都在地动山摇般晃动。原来北极熊云震早已经潜伏到栖息地后面，开始对一头小海象发起攻击，而其他的海象都在不管不顾地向海中逃命。

狄鲁愤怒了！他以海象守护者的身份，向云震发起了攻击。同时发起攻击的，还有几头雌海象。一场生死较量在瞬间开始，但很快就结束了。

云震即使身为北极霸主，也无法同时对抗几头海象。他的身上再次遭到狄鲁那对长牙的袭击。

云震逃走了，还要继续面对被饿死的风险。

海象们成功驱逐了捕猎者，但还是时刻有可能被袭击，因为云震并没有走远。

未来会发生什么，狄鲁不知道，云震也不知道……这次，狄鲁不会再逃走，海象群也不会。海冰正在加速融化，海象们无法离开这片栖息之地，就只能面对挑战。

这时，天空中出现了两个矫健的身影，紧接着出现了更多……

是北极燕鸥从南极飞回来了。

在北极的天空下，所有的生命都在勇敢地活着，活在这片勇敢者的栖息之海——北极的北冰洋。

长牙助行者—— 海象

栖息地

海象分布于北极和靠近北极的温带海域，在陆地、浮冰和冰冷的海水中过着水陆两栖生活。

家族

海象是群栖性动物，每个海象群都是一个大家庭。海象们大部分时间待在陆地或浮冰上，成千上万头挤在一起，相互依靠。

食物

主要以瓣鳃纲软体动物为食，也吃螃蟹、乌贼、虾和蠕虫等动物。

天敌

北极熊、虎鲸。

海象遇到北极熊会跳入水中，遇到虎鲸就跳到岸上。

武器：海象长着一对非常独特又非常厉害的犬齿，这对犬齿终生都在生长，最长可达近 1 米。这对犬齿是海象自卫和捕猎的有力武器，它们还可以让海象在冰封的海面下凿出可供呼吸的冰洞。

行走：海象没有腿，是依靠后鳍向前拱起，并适当地利用犬齿辅助着匍匐前进的。

游泳：海象一旦进入水中身体就变得异常灵活，不但游得快，还能下潜到 70 米以下的深度，和在陆地上行动笨拙的形象有着天壤之别。

御寒：海象的皮肤有很多褶皱，皮下有一层厚厚的脂肪，足以抵抗北极的寒冷。

捕猎：海象利用胡须去感知浅海沿岸海底沙砾中的猎物，再配合长牙将食物挖掘出来吃掉。

视觉：很差。

嗅觉：灵敏。

听觉：灵敏。

海象的生存危机

每当北极的冬天来临，海象们会纷纷跳入海中躲避风暴。面对几米高的海浪，海象们会紧紧依靠在一起，以防被冲散。

而春天来临之时，海象们则要逃离不断融化缩小的海冰，去寻找更大一些的容身之所—— 一块能容纳整个海象群的浮冰。

这种日夜不停寻找的行动，往往会持续一个星期以上，航程超过 200 千米。但是，在这期间也不能保证身后没有猎杀者的跟踪追击。

海象的生活

安全员

海象群在睡觉时，总会有一头海象醒着在陆地上或水中放哨。这头海象一旦发现危险将至，会立刻发出公牛般的吼叫声进行预警，或用长牙碰醒身边的伙伴，大家彼此传递警报消息。

争夺领地

每当到了繁殖季节，雄海象们就开始在海滩上建立自己的领地。如果有闯入者，双方的雄海象就会用长牙和脖子相互攻击，哪怕伤痕累累，也要分出输赢胜败。

保护幼崽

小海象出生后要学会的第一件事儿就是离开海水爬上浮冰。一旦在陆地或冰面上遇到北极熊，海象妈妈会立刻将小海象拱入海中逃跑，并在海中赶走北极熊。

集体捕猎

海象群通常全体出动觅食，也会同时感到饥饿。只要有一头海象感到饿了，其他同伴便也都跟着出发去觅食。每次狩猎，它们都会在去过的地方留下标记。一头海象每 3 天吃一顿，一顿能吃 4000 个蛤蜊。它们用胡须拨动蛤蜊的壳，再把蛤蜊肉吸到嘴里。海象不会吃光所有的蛤蜊，而是留下一部分继续繁衍新的蛤蜊，待几年后再回来捕食。

神奇的皮肤

海象的皮肤在陆地上的时候是褐色的，在冰冷的海水中浸泡过之后会变成灰白色，而回到陆地上后很快又会变成棕红色。

海象与大象的不同

与陆地上的大象不同，海象虽然也长着一对长长的獠牙，却没有大象那样的长鼻子。海象又胖又大，皮很厚，有一双视力不佳的小眼睛。雄海象体形比雌海象大很多，它们一般可以活三四十年。

追光者—— 北极燕鸥

北极燕鸥是北极地区夏天常见的海鸟。它体形中等，羽毛为灰白两色，是地球上最著名的候鸟之一。

北极燕鸥会成千上万只聚集在一起，它们小小的身体里饱含着努力生存和追求幸福的力量，被人们视为探索、顽强和勇敢的象征。

飞行：北极燕鸥具有超强的飞行能力，在长途飞行中几乎不会停落于水面。

攻击：北极燕鸥有着极强的警惕性和防御能力。它们一旦发现敌人，会利用空中优势从天空俯冲而下，对准敌人身体最高的部位发起无情的攻击。

尾巴 / 翅膀：北极燕鸥的尾巴形状如叉，翅膀窄长且矫健有力。

灵活：北极燕鸥身体轻盈，可以在空中任意悬停或是快速掉转方向，使得它们在漫漫长路上可以随时悬停、俯冲并捕猎食物。

导航能力：北极燕鸥有着惊人的导航能力，可以从南极准确地飞回到位于北极的出生地，也可以精准地从北极飞回南极而不偏离航线。

生命力：北极燕鸥的生命力极其顽强，最长寿命可达 30 岁。

追逐光明的精灵

一年之中，北极燕鸥会度过两个极昼期。它们无愧是世界上用最远的飞行距离去追逐光明的精灵。

因此，北极燕鸥就成为“追逐光明”的象征。人们也称北极燕鸥为“白昼鸟”，即地球上唯一永远生活在光明中的生命体。